校服设计与实践

张华·著

东南大学出版社
·南京·

图书在版编目(CIP)数据

校服设计与实践 / 张华著. — 南京：东南大学出
版社，2019.10
    ISBN 978-7-5641-8560-2

    Ⅰ.①校… Ⅱ.①张… Ⅲ.①校服-服装设计
Ⅳ.①TS941.732

    中国版本图书馆 CIP 数据核字(2019)第 223509 号

校服设计与实践
Xiaofu Sheji Yu Shijian

著　　者：张　华
出版发行：东南大学出版社
社　　址：南京市四牌楼 2 号　邮编：210096
出 版 人：江建中
责任编辑：戴坚敏
网　　址：http://www.seupress.com
电子邮箱：press@seupress.com
经　　销：全国各地新华书店
印　　刷：虎彩印艺股份有限公司
开　　本：889 mm×1194 mm　1/16
印　　张：6.5
字　　数：210 千字
版　　次：2019 年 10 月第 1 版
印　　次：2019 年 10 月第 1 次印刷
书　　号：ISBN 978-7-5641-8560-2
定　　价：46.00 元

张 华

副教授

金陵科技学院艺术学院服装系教师
研究方向：校服设计与技术
主要承担课程：服装制板/服装CAD

主要经历：

1990年 金陵职业大学艺术系服装设计专业就读
2001年 清华大学美术学院艺术设计专业就读
2005年 加拿大塞尼卡学院进修
1993年 金陵职业大学艺术系从事服装教学工作
2003年至今 金陵科技学院艺术学院从事服装教学工作，并担任服装系主任

前言

校服是一个地域文化特色的集中体现,是体现学校文化内涵和学生精神风貌的独特标志。生活方式的改变、流行元素的多样性、地域独特的文化特色等多种要素已经渗透到校服中。校服消费者的个性化心理意识逐渐增强,校方和父母在购买校服时的角色也逐渐由决策者转为建议者。未来校服销售模式会呈现市场化、开放化,校服品牌也将具有个性化、时尚化和特色化。

从全国校服款式分类的调查结果中可以看出:运动式校服占到了总体的一半以上,制服式校服的比例约为两成多,中式校服的比例不到两成,剩余占比为其他款式。在我国,校服以运动式为主,制服式校服开始融入校服的设计当中,但是具有本民族特色的校服占比很小。在校服设计现状调查中,学生普遍反映"校服无法体现男女性别特征",不能满足学生成长的心理和生理需求。此外,校服款式单一,多数以运动服为唯一类型,色彩多采用简单的撞色,面料性能差,号型不规范,定价无法让人信服。

在校服的文化展现方面,学生普遍反映校服无法契合本校校园文化或者地域文化,校服设计大同小异,甚至仅仅用颜色来区分不同的学校。没有鲜明的特色和标志,无法完全展现校园文化,对育人理念没有发挥应有作用。一般学生仅拥有春夏、秋冬两套季节性校服,没有依据学校内部空间布局安排或者着装场合(如开学典礼、升旗仪式、成人礼和毕业典礼等)的设置为学生安排制服、运动服、特殊礼仪服装等,这显然是不合理的。

基于上述原因,作者比较分析了我国校服行业现状、存在的问题,对校服理论基础、校服分类设计方法、制作技术要求和技巧等方面展开系统研究。首先,通过抽样测量我国中小学生人体数据,并以此开展理论研究形成有一定价值的校服数据标准,并对其应用实践成果进行总结;其次,根据校服的特征分类设计,以图文结合的方式表述设计切入点,以及方法和手段;最后,通过结构设计、制板和工艺,阐述相关技巧和实践经验等内容。期望本书的出版,能协助中国校服企业为广大青少年学生提供更多优质的服务和选择,不断提升我国校服品牌的影响力。

目录
CONTENTS

我国校服产业基本状况与发展研究

我国校服产业基本状况与发展研究

"校服"一词最早出现在欧洲,是学校为了培养学生的团队精神,强化学校的整体形象而进行的着装规范要求。通常在学校举办重大活动时要求学生统一着装以体现特有的精神面貌。中国校服从无到有,从"运动装即校服"到英伦风盛行,从单一款式到分场合着装,无不体现出观念的变化、审美的变化和校园文化的丰富多彩,校服已经从在校生的服装发展为能体现学校文化内涵和学生精神风貌的独特标志。随着市场的开放、生活品质的提高,国内校服的消费需求已由过去的单一实用型开始转向能反映校园文化的时尚型、多元化的校服,越来越多的学校意识到校服对于校园内涵建设的重要意义。如今,许多学校开始尝试定制新颖的、有特色的个性化校服,并将其与整个学校的文化建设统筹考虑。

新的变化必然催生新的运作模式,如何为广大青少年学生提供优质的服务和更多的选择,不断提升中国校服品牌的影响力,是每一家校服企业必须思考的问题。欧美和日韩成功的经验为我们提供了很好的参考。校服生产企业需要打破传统的思维方式和经营模式,敢于走向市场,投入更多的精力进行校服基础研究;提升智能制造水平和运作能力;要改变设计理念,致力于研究时尚化、个性化的校服,满足学生、家长的心理需求,使校服成为学生日常生活和学习中喜爱的服装;将营销模式的点对点线型服务打造成多层次立体服务,使校服成为中国有影响力的服装品牌。

一、我国校服的基本情况

1. 我国校服发展历史

校服作为服饰的重要组成部分,同样承载着服饰文化和历史文明的发展,也是校园里不可或缺的一道亮丽的风景线。翻开中国服装史,"校服"虽然没有作为专有名词出现,但是,在各个时期,学生着装也有明显的标志,其作为一种元素渗透在中国服饰历史文化发展中。辛亥革命的成功,尤其新文化运动打破了几千年封建社会"人分五等,衣分五色"的着装制约。校服的变迁也伴随着社会发展的脚步一路前行,承载着我们每个人青少年时代的欢乐与记忆。

二十世纪二十年代,规范统一式样的校服首次出现;三十年代至四十年代,旗袍式校服逐渐代替了裙衫式制服;五十年代至七十年代,学校虽然对学生在校服装没有做统一要求,但是军便装、两用衫成为学生们的首选;八十年代,"校服"一词重新出现,然而校服不是每个学校都有,款式也是互相模仿,没有校园文化内涵的要求;九十年代及二十一世纪初,适合当时学生心理需求的运动校服成为时尚,蓝、红、绿、白等鲜艳的颜色成为主色调,面料多以休闲的涤盖棉、丝光棉为主;随着校园文化内涵的提升,运动校服已经满足不了学生在不同场合的需求,制式校服尤其是英伦校服风靡一时。

2. 校服设计现状

运动校服作为主流产品在我国已经沿用了较长时间,占据着市场的主导地位。运动校服以其简洁大方的款式造型、便捷舒适的穿脱方式,受到了许多热爱运动的青少年的欢迎。同时,由于这类校服低廉的成本,也得到了学校和大多数家长的认可。但是,这种校服的款式风格比较单一,没有季节、性别、年级区分。运动校服的色彩搭配大多采用撞色手法,采用青色和黄色、白色和蓝色、黑色和白色、红色和白色等等,缺乏细节设计感,各个学校的款式除了颜色的差别,大同小异,很难区分是来自哪个学校的学生。着眼于当时的经济水平、社会因素以及生活条件等多方面考虑,只能以休闲、方便作为设计的理念。这种设计有一定的优势,宽松的运动服符合学生活泼好动的功能需求,也可以在各个季节穿着。但从当前趋势来看,虽然这种款式宽松方便,却也存在着诸多问题,它不能体现校园文化的内涵,也不能充分彰显学生的个性和精神面貌;既不能区分场合,也不能增强仪式感。此外,性别区分度不够,不符合青少年心理和生理需求。因此,校服还需要多元化、时尚化、个性化。

近年来,英伦风、日韩风制式校服的引入,给校园注入了一股轻松新鲜的空气,其极具风格化的特征受到了家长和学生的欢迎。但是这种以英伦风为时尚的校服潮流也令人担忧,彰显中国文化、区域文化、校园文化的气息逐渐丧失,千篇一律的款式掩盖了青少年的朝气和个性化,阻碍了具有中国特色的校服品牌的发展。

3. 校服市场现状

校服涵盖了6～18岁年龄段的在校中小学生的着装。数据显示,截止到2016年,我国地级及以上城市中小学生人数已达2亿多。国内校服消费需求量每年约12亿件。随着二孩政策的放开,作为服装产业内容之一的校服产业,在未来几年中将会有更大的发展空间,国内企业和国外企业普遍看好校服市场发展前景。然而,在成年人服装产业高度发展的今天,校服却多以中小型企业,甚至小微服装企业为主,庞大的市场,发展却极其缓慢。

当今中国的校服逐渐突破传统的"运动服"校服模式,开始朝着时尚、个性化的方向发展。部分经济发达的地区,对校服的需求趋向品牌化。校服将成为学校美丽的风景线和学校流动的名片,休闲校服将成为流行休闲服装。专家预计,未来几年全国高品质校服需求将以10%以上的速度递增。在竞争日趋"白热化"的服装业,校服及休闲校服将成为服装企业角逐的领域。

二、我国校服存在的问题

在我国,校服市场存在着诸多不规范、不完善的地方。近些年,随着人们生活品质的提高,社会、家长、学生对校服的要求和关注度越来越高,校服与日益增长的需求不适应的矛盾日益显现。

1. 校服外观设计不时尚,校园文化内涵不足

如果有一组学生着运动装校服照片传到网上,一定会引爆网友们对国内运动校服铺天盖地的"吐槽"。原因是运动式校服样式拖沓慵懒,甚至分不出性别,美感不足,抑制了青少年激情绽放的特性,阻碍了学生对美的追求和个性发展。基于对现有校服的调研,对未来校服的设计重点进行了分析。结论是在未来的校服设计中,应考虑校服的多元化设计,以满足学生不同场合的功能需求和审美需求,做到时尚和实用的统一。在日常学习生活中采用时尚制服式校服,以体现当代学生所面向的国际化竞争环境,督促其好好学习,以具备国际视野;在重大礼仪场合可采用传统中式服装,以激发学生对民族文化的认同和传承,从而激发民族自豪感和文化自信;在体育课和运动会场合,可以采用功能性、实用性、舒适性较强的运动服,增强运动带来的体验和乐趣。要充分考虑穿着者的性别、年龄、审美、穿着场合,在适当的场合体现男生的阳刚之气和女生的清丽之美。同时,可以增加校服的配件设计,如校徽、领结、袜子、围巾等等,使得校服搭配更加完美。

2. 校服工艺粗糙,质量堪忧

二十世纪九十年代至二十一世纪初,校服基本上是由各个学校自行采购,而学校基于成本等因素大多选择一些小微服装企业,甚至是校办工厂加工,这些企业的管理不规范,工艺及机器设备也相对落后,很难生产出高质量的校服。近年来,由于社会对校服安全的关注度不断提高,校服的采购由学校自行决定向教育部门集中招标采购过渡。但是,由于传统的保护意识、降低成本以及采购的便利性等因素的制约,校服的生产多倾向于本地服装企业,很难向全国市场和专门生产校服的企业开放。

3. 国内关于校服的标准体系不完善

由于我国校服产业起步比较晚,迄今为止有关部门共发布了三部专门针对校服的国家标准,即 GB/T 23328—2009《机织学生服》、GB/T 22854—2009《针织学生服》和 GB/T 31888—2015《中小学生校服》。《机织学生服》规定了机织学生服的要求、检测方法、检测分类规则以及标志、包装、运输和储存等技术特征;《针织学生服》规定了针织学生服的要求、检测规则、判定规则、产品使用说明、标志、包装、运输和储存;

《中小学生校服》规定了中小学生校服的技术要求、试验方法、检验规则以及包装、贮运和标志。以上三部校服标准中关于号型都推荐 GB/T 1335.1-3—1997《国家号型标准》。然而,20 年前的人体数据是否适合现在中小学生的体型特征？答案显然是否定的。因此,关于中小学生人体数据的研究迫在眉睫。

目前关于校服的标准,存在着执行不规范、不统一的问题。当前校服生产企业可以自愿采用《机织学生服》《针织学生服》《中小学生校服》标准。这几部标准中部分内容有不一致的现象,如何使用还需要进一步说明。比如:《中小学生校服》规定了直接接触皮肤部分含棉量不小于 35%,而在《机织学生服》和《针织学生服》中对含棉量并无规定。如果企业在校服中明确采用《机织学生服》或者《针织学生服》标准,那么是否可以选用全涤面料？再比如,《中小学生校服》中有这样的描述:适用于以纺织织物为主要材料生产的、中小学生在学校日常统一穿着的服装及其配饰,其他学生校服可参照执行。其中对附件锐利性、绳带、燃烧性、残留金属针及耐光汗色牢度都有明确要求,而在《机织学生服》和《针织学生服》中对这些并无要求,如果企业明确采用《机织学生服》或者《针织学生服》标准,那么监管部门在监管过程中对校服质量是否合格还需要作进一步明确。

4. 产业链模式的制约

相比完全走向市场的零售服装,校服在商业模式上受到一定的制约。传统零售服装是"以产定销"的模式,而校服则是"以销定产"的模式。校服主要是招标订购模式,涉及教育管理部门、学校、家长、学生、区域差异等因素的制约。一年一招标,当年招标当年供货,短期内集中供货的模式一定会造成生产进度难以跟上,质量保障困难重重。尴尬的是,淡季时企业又不敢做库存,原因是学校如果不再使用该企业所提供的校服,企业的库存将无法消化,直接造成巨大的经济损失。因此,市场化商业模式势在必行。

三、我国校服发展应对措施

随着经济的发展、社会需求的变化、青少年审美心理的转变,校服市场消费需求升级,面对诸多机遇和挑战,中国校园服饰产业应积极应对变化,可以从校服基础研究、商业模式、国家政策、品牌战略等几个方面统筹考虑。

1. 提高对校服的重视程度

虽然校服发展中存在诸多问题,但可喜的是,校服的独特内涵和安全问题正逐渐引起国家和企业的高度重视。2015 年 6 月 30 日,国家标准委颁布实施了《中小学生校服》标准,这是我国第一部以"校服"命名的标准,为校服技术要求、试验方法、检验规则以及包装、贮运和标志提供了强有力的依据。7 月 13 日,教育部、工商总局、质检总局、国家标准委联合下发《关于进一步加强中小学生校服管理工作的意见》。该《意见》称,校服的生产和采购均应执行国标,学生可以自愿购买校服,也允许学生按照所在学校校服款式自行选购、制作校服。对校服的重视程度首次被提高到了国家层面,教育部门可联动质监部门定期对校服开展质量监督抽查活动,并向社会公开发布质监报告。一些大型服装企业也涉足校服产业,利用自身资金、人才的优势成立研发中心,加强研究开发能力。未来的校服行业发展,在国家有关部门的政策支持下,应加强宣传以唤起学生、教师和家长乃至全社会对校服的正确认识,校服产业才会得到健康发展。

2. 加大科技投入,构建校服研发中心,使之成为企业发展的引擎

目前,中国校服市场占主导地位的主要有"运动装"和"英伦风"两类,前一类是千篇一律的撞色宽松型运动装,后一类大都是模仿国外校服的"舶来品"。国内大部分校服企业并没有设计、技术研发团队,投资人主要将精力集中在业务拓展上。随着校服市场逐步开放、消费观点的变化,校服企业竞争会日趋激烈,科技研发投入将决定企业的生存和发展空间。

组建校服研发中心的目的是研究校服发展方向、技术革新、运作模式等方面,也可以提供可行性报告,提供整套发展思路的理论依据,推动先进生产技术与时尚创意设计的结合,加强校服的开发能力和品牌创建能力。同时,引领企业走向智能制造,加强校服企业信息化集成制造系统、构建数据库、大规模定制技术的开发和应用。

校服研发中心运作模式可采取项目责任制,设计运用高效精干的组织构架,建立激励和淘汰机制,采用

固定研究人员与交流学者相结合的办法,组织和吸引国内外优秀科技人员,实现"中心"的持续创新和发展。"中心"建立规范的管理机制,制定各项管理制度,保证"中心"有一个高效、安全、灵活的运营机制。

校服研发中心建设的有效途径是充分利用高校科技、人才资源优势联合组建校服研发中心。通过校企合作逐步解决企业发展的创新不足、设计研发不足等问题。同时,也可以帮助企业培育创新型人才,成为企业新的源动力。以项目建立合作互进,实现校企共同发展。

校服研发中心的主要任务是厘清校服的特点,集合数字信息,进行创新设计,突破程式化,以新的理念进行再创造,设计出符合当代学生需求的个性化、时尚化校服,能体现校园文化与学生积极向上的精神风貌。同时,开展对校服及衍生品工程技术研究,研究废旧校服无害化回收利用的方法。

3. 加快各年龄阶段学生人体数据库的建设

服装生产中尺寸规范化的人体数据标准在校服领域是空白,在实践中推荐使用《国家号型标准》。随着生活水平和生活方式的改变,20 年前的人体数据,尤其是中小学生的体格与现在同龄人相比,应该有较大的变化,而这部标准中的儿童人体数据总的来说是比较笼统的,这就导致现代校服领域缺乏规范的人体数据支持。

目前,国内校服生产所需尺寸主要是采取由校方提供学生人体数据和企业现场测量采集数据两种方式。校方所提供的数据客观上有很大偏差,做成成衣后误差达到 10％以上,调换率的增加,使企业成本也大幅度提升。企业到学校集中测量数据,虽然能提高正确率,但是我国幅员辽阔,山区路途遥远,给测量学生人体数据带来诸多不便,成本也比较高。

中小学生人体数据的桎梏,迫切需要根据地区、性别、年龄等因素,抽样测量人体的各个控制部位,构建人体信息数据库,制定学生装号型标准。数据库的建设不仅能解决企业生产校服的尺寸困惑,也有利于校服走向市场,填补国内该领域的空白,在童装市场上也具有十分广阔的商业前景。

4. 开放校服市场,促进校服品质提升

在全国范围内公开招标,招标过程应当有专业机构参与,全程公开透明,杜绝地方保护主义,让企业公平竞争,通过良性竞争提高校服质量。在校服行业发展过程中应该鼓励优秀的大中型服装品牌企业参与到校服的设计、制作和销售中来。持续不断地发起校服设计大赛和嘉年华活动,让优秀设计师参与进来,提供更多优秀作品。使家长、学生融入进来,让他们对校服有更深的了解,加大推广力度。扶持校服品牌企业,构建线上、线下销售渠道,提供多维度的服务能力,制定政策以鼓励学生自行购买校服。以人文关怀和关心青少年健康成长为理念,注入个性化元素,打造国际化校园服饰品牌。以市场需求为基础,研究校园文化内涵,注重产品创新,让中国的青少年拥有具有文化品位且时尚的校服。

中国校服市场也要国际化,鼓励校园服饰文化产业与国际接轨。一方面,让国际品牌参与进来,提高行业竞争度;另一方面,中国校服企业要走出去,开发国际市场,创新合作模式,最大限度地吸纳国际资源,拓宽企业发展空间。

5. 整合优势资源,规模化经营

校园服饰产业由原来高度分散、小规模经营向产业集群化、产业规模化转移,国家校服新政的进一步落实、市场消费进一步升级、行业进入标准提高等一系列变化,将促使校园服饰市场实现良性循环。未来校服产业将进一步市场化、透明化,行业商业化程度更高,这要求企业及时调整经营战略,根据市场变化制定可行的营销思路,迅速实现自身升级,提高企业生产效率和生产品质,依托行业集群优势共同发展。

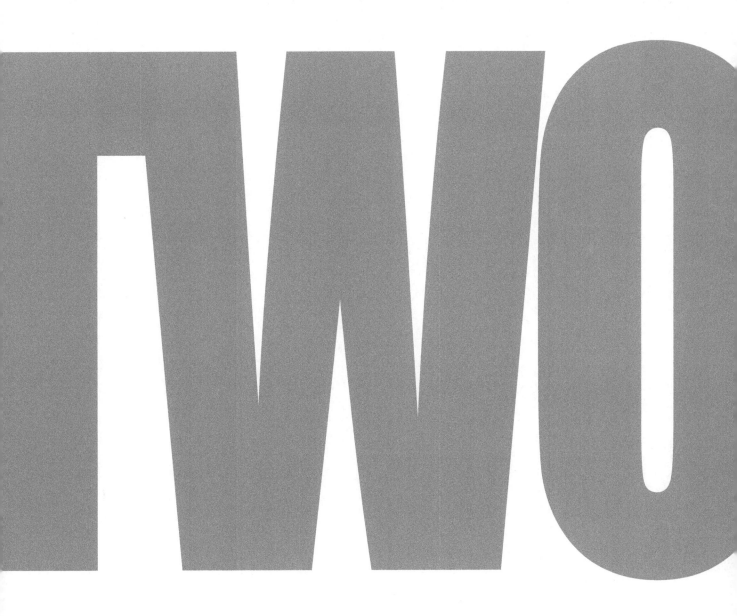

人体数据测量分析及应用研究

人体数据测量分析及应用研究

一、研究数据的背景

校服涵盖了6～18岁年龄段的全部校内着装。根据学生的体貌特点和对服装的设计需求以及消费特点进行细分,应包括:6～12岁段的小学校服、13～15岁段的中学校服、16～18岁段的高中校服。截至2016年,根据我国地级及以上城市中小学生数量统计:小学生共9 169.2万人,城市中有2 857.26万人;初中学生共6 906.28万人,城市中有2 341.2万人;高中生共3 636.34万人,城市中有1 649.87万人。小学学校共220 811所,中学学校共62 415所。我国6～18岁在校中小学生已达2亿多人,校服消费需求量每年12亿件左右。

由于长期片面的观点,形成了校服穿着周期长、款式单一的特点,与学生身体发育成长较快,以追求阳光、灿烂、美丽的心理需求不吻合,造成家长、学生普遍不喜欢校服的尴尬现状。随着二胎政策的放开,作为服装产业内容之一的校服产业,在未来几年中将会有更大的发展空间,国内企业和国外企业普遍看好校服市场发展的前景。然而,在成年人服装产业高度发展的今天,校服生产却仍以小微企业居多,品牌企业寥寥无几,庞大的市场发展极其缓慢。诸多原因中有一点不可忽视,校服生产中的重要内容——尺寸缺乏规范的人体数据支持和技术支撑。

由于小学生与中学生身体生长特点不同,本次研究以我国6～13岁儿童为对象开展人体数据研究。儿童人体数据在校服设计生产中有着重要的作用,是校服号型和规格设计的重要依据。目前,大部分企业使用的都是GB/T 1335.1-3—1997《国家号型标准》,它是由国家技术监督局颁布实施的,标准全套共有男子、女子、儿童三项独立标准,但是该标准由于当时技术等原因,有许多不完善的地方,加之年代久远,数据和技术指标已难以适应当今校服号型和技术参数需求。

目前,国内校服生产所需尺寸主要是采取由校方提供学生人体数据和企业现场测量采集数据两种方式。校方所提供的数据客观上有很大偏差,这是因为:一是学校测体人员不专业,所提供的数据粗糙,控制部位数据缺失;二是学校依靠学生或学生家长提供自身数据,除了身高和体重较为准确外,其他数据偏差较大。校服尺寸获得的另外一种方法是由企业到学校集中测量数据。专业人员测体能提高数据的准确率和控制部位的覆盖率,但是,在学生上课期间测量,干扰正常教学,造成秩序混乱,加之气候和测量条件的限制,也会使数据采集不准确。此外,由于我国地域辽阔,山区多路途遥远,给测量学生人体数据带来诸多不便,成本较高。

企业获得学生人体数据后,为了生产方便,通常进行归号后形成号型,这加剧了校服尺寸的偏差,做成成衣后误差率达到10%以上。调换率的增加,不仅使学生和家长不满意,也使企业成本大幅度提升。随着校服生产制造的品质要求提升,对人体体型的研究以及人体数据的查询和检索成为必然。

儿童人体数据库建设可以实现儿童人体数据的数字化储存和检索,为研究儿童体型特征和群体体型特征变化、为企业生产制造提供必要的数据支持和技术支撑。在当今校服作为未来市场发展热点的时期,有必要加快儿童人体数据库建设的研究,既可以填补国内校服生产领域的空白,也具有十分广阔的商业前景。

二、小学生人体数据测量及数据模型研究

基于对小学生体型特征和着装舒适性要素分析,我们发现,我国关于特定年龄和特定地域的校服号型的研究并不成体系,还存在着一定的研究空缺。所以,在前人研究的基础上,我们扩大了研究地域的范围,同时也更加细化了研究对象的年龄层,并进行大范围的测量。研究结果不仅能够展示更加全面的人体数据

和号型特征,而且能够适用于更大的区域。

针对全国范围内有代表性地区的小学生,采用手工测量与非接触式测量等方法,获取人体各部位的数据,并采用描述统计、因子分析、聚类分析、验证分析等多种数理统计方法,提取出人体数据均值。通过分析学生身高、胸围、腰围、臀围、胸腰差、臀腰差与年龄、身高变化的关系,比较男女学生主要部位尺寸,总结学生体型发展规律。在以上研究的基础上,分析男女学生体型的差异,同时对数据进行归纳、总结,制定适合学生体型特点的服装号型系列,以期弥补当前中国校服市场号型参数不全面、不细致的现状,并能够指导校服企业进行生产和引导消费者进行采购。

人体数据采集研究,采用手工测量、三维扫描测量、人体图像边缘提取等方法,力求保证学生人体数据测量的精准性。测量部位分为总体高、背长、腰长、股上长、股下长、臂长、胸围、腰围、臀围、头围、颈围、臂根围、腕围、掌围、肩宽、胸宽、背宽等。研究科学的人体数据测量方法,实现学生人体数据准确采集;根据全国范围内学龄儿童所获取的人体各部位的体型数据,将学生按地域、性别、年龄进行分类,获得学生人体基础数据以及服装生产中各个控制部位所需要的技术参数。

制定校服号型标准。首先对人体测量数据进行预处理,运用数理统计软件进行频数分析、相关分析、回归分析等多种方式的分析和统计,定性、定量地描述学生各部位尺寸特征和变化趋势;通过分析学生身高、胸围、腰围、臀围、胸腰差、臀腰差随年龄、身高变化的关系,比较男女学生主要部位尺寸,总结学生体型发展规律;在以上研究的基础上,分析男女学生体型的差异,同时对数据进行归纳、总结,制定适合学生体型特点的服装号型系列。

1. 测量对象

测量对象主要是在校小学生,年龄为6～13岁。在测量对象选择过程中,力求选择体型特征符合儿童群体特点的对象。

2. 样本量的确定

根据国家服装号型标准中规定的儿童人体各部位尺寸的容许误差和标准差相比较的数值可知,腰围的精度要求相对较高,以腰围的最大允许误差和标准差来计算样本量的大小。考虑到在实际测量中可能会出现的问题,再增加10%的余量,最终测量的小学生人数是11 490人,能满足研究的需要。

3. 测量方法

采用非接触测量与手工测量相结合的测量方法对小学生进行人体数据测量。非接触测量工具为德国Human Solution公司生产的非接触式激光三维人体扫描仪。手工测量工具为卷尺、水平测量仪和身高测量仪等。根据测量需要,将人体数据细分为总体高、背长、腰长、臂长、胸围、腰围、臀围、头围、颈围、臂根围、腕围、掌围、肩宽等。测量时要求被测者立正站直,头部自然抬平,两臂伸直张开,略与身体保持一定距离,两脚以所画基准线为中心向两边微分。测量的软尺保持水平,不能将软尺围得过紧或过松。

4. 人体主要部位数据分布情况

(1) 6～7岁男生主要部位数据分布情况(图1～图8)

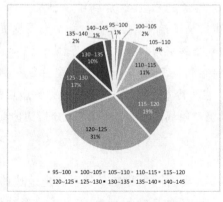

图1　6～7岁男生身高分布图1

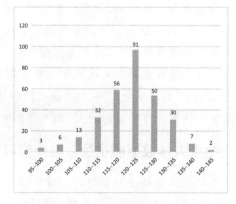

图2　6～7岁男生身高分布图2

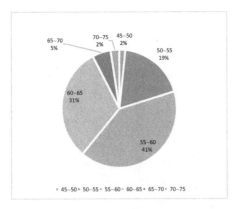

图3 6～7岁男生胸围分布图1

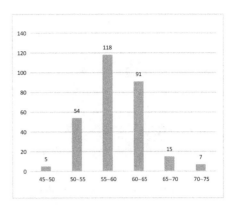

图4 6～7岁男生胸围分布图2

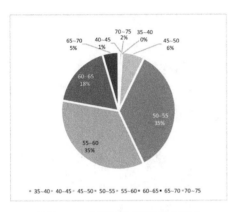

图5 6～7岁男生腰围分布图1

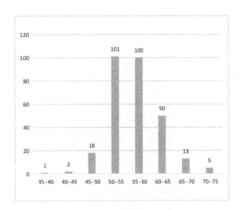

图6 6～7岁男生腰围分布图2

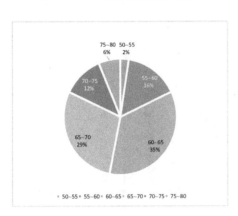

图7 6～7岁男生臀围分布图1

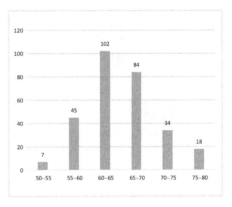

图8 6～7岁男生臀围分布图2

（2）6～7岁女生主要部位数据分布情况（图9～图16）

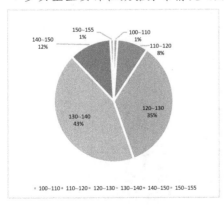

图9 6～7岁女生身高分布图1

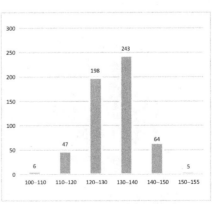

图10 6～7岁女生身高分布图2

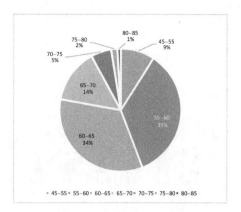

图 11　6～7 岁女生胸围分布图 1

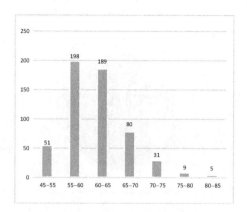

图 12　6～7 岁女生胸围分布图 2

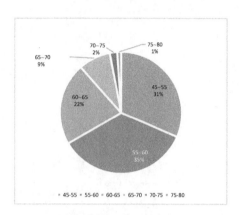

图 13　6～7 岁女生腰围分布图 1

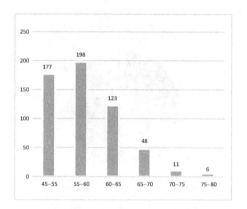

图 14　6～7 岁女生腰围分布图 2

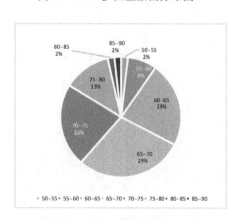

图 15　6～7 岁女生臀围分布图 1

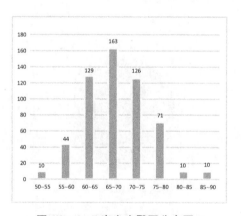

图 16　6～7 岁女生臀围分布图 2

（3）8～9 岁男生主要部位数据分布情况（图 17～图 24）

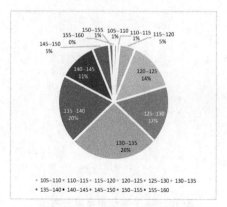

图 17　8～9 岁男生身高分布图 1

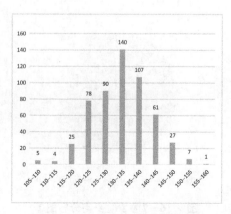

图 18　8～9 岁男生身高分布图 2

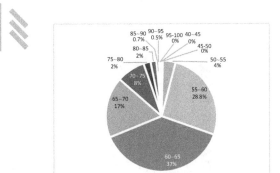

图 19　8～9 岁男生胸围分布图 1

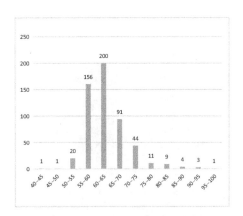

图 20　8～9 岁男生胸围分布图 2

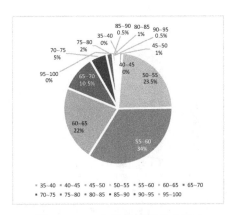

图 21　8～9 岁男生腰围分布图 1

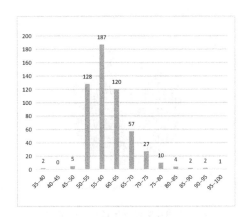

图 22　8～9 岁男生腰围分布图 2

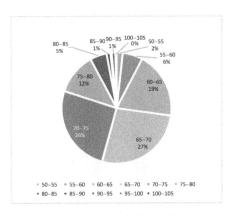

图 23　8～9 岁男生臀围分布图 1

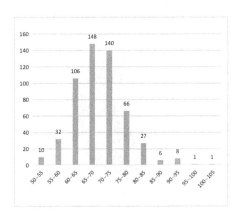

图 24　8～9 岁男生臀围分布图 2

（4）8～9 岁女生主要部位数据分布情况（图 25～图 32）

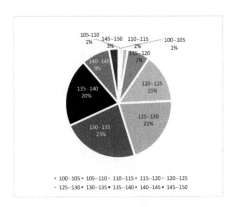

图 25　8～9 岁女生身高分布图 1

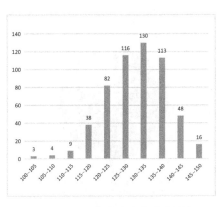

图 26　8～9 岁女生身高分布图 2

· 13 ·

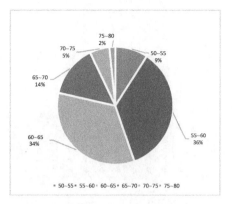

图 27 8～9 岁女生胸围分布图 1

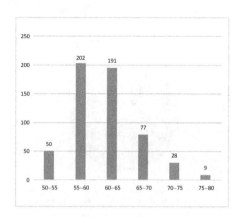

图 28 8～9 岁女生胸围分布图 2

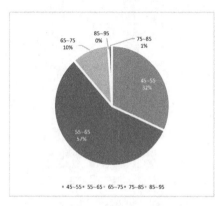

图 29 8～9 岁女生腰围分布图 1

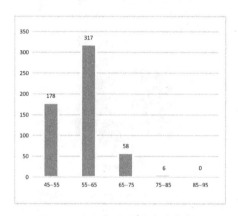

图 30 8～9 岁女生腰围分布图 2

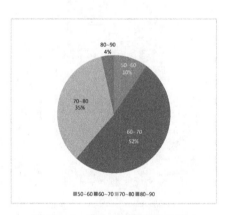

图 31 8～9 岁女生臀围分布图 1

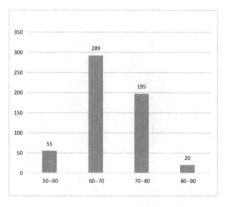

图 32 8～9 岁女生臀围分布图 2

(5) 10～11 岁男生主要部位数据分布情况(图 33～图 40)

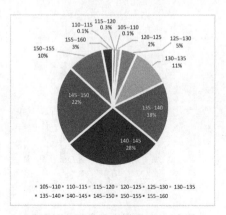

图 33 10～11 岁男生身高分布图 1

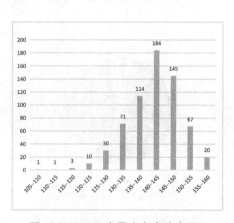

图 34 10～11 岁男生身高分布图 2

· 14 ·

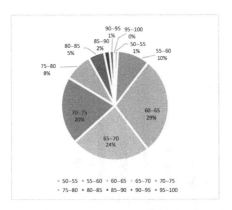

图 35　10～11 岁男生胸围分布图 1

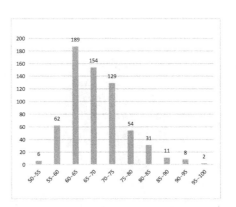

图 36　10～11 岁男生胸围分布图 2

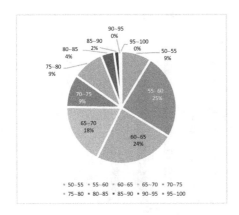

图 37　10～11 岁男生腰围分布图 1

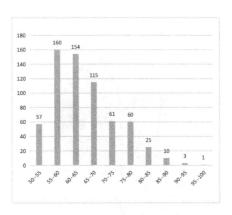

图 38　10～11 岁男生腰围分布图 2

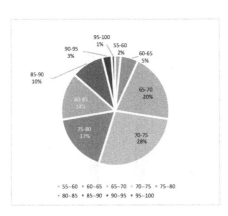

图 39　10～11 岁男生臀围分布图 1

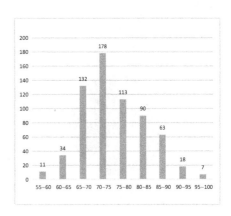

图 40　10～11 岁男生臀围分布图 2

（6）10～11 岁女生主要部位数据分布情况（图 41～图 48）

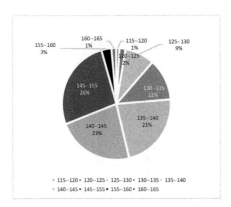

图 41　10～11 岁女生身高分布图 1

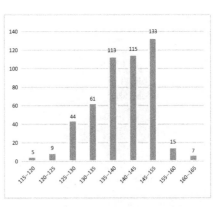

图 42　10～11 岁女生身高分布图 2

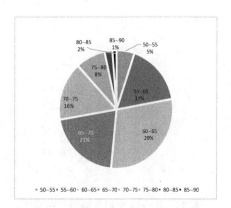

图 43　10～11 岁女生胸围分布图 1

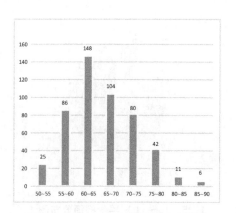

图 44　10～11 岁女生胸围分布图 2

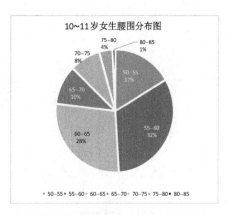

图 45　10～11 岁女生腰围分布图 1

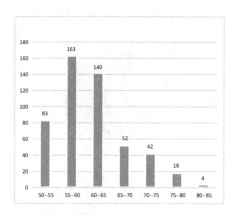

图 46　10～11 岁女生腰围分布图 2

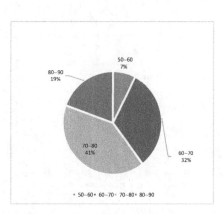

图 47　10～11 岁女生臀围分布图 1

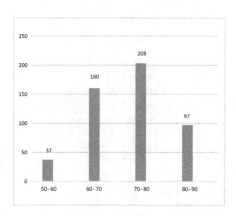

图 48　10～11 岁女生臀围分布图 2

(7) 12～13 岁男生主要部位数据分布情况(图 49～图 56)

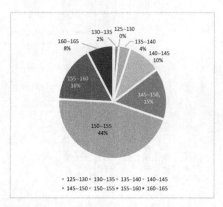

图 49　12～13 岁男生身高分布图 1

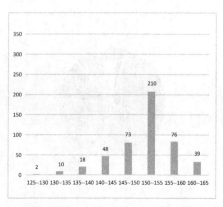

图 50　12～13 岁男生身高分布图 2

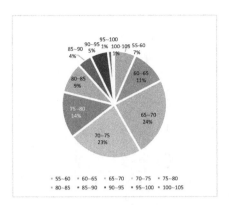

图 51 12～13 岁男生胸围分布图 1

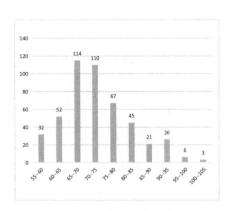

图 52 12～13 岁男生胸围分布图 2

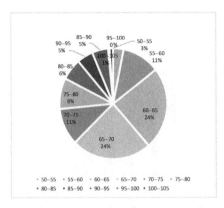

图 53 12～13 岁男生腰围分布图 1

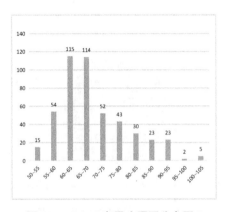

图 54 12～13 岁男生腰围分布图 2

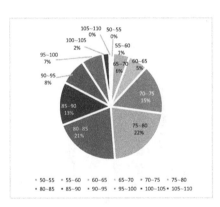

图 55 12～13 岁男生臀围分布图 1

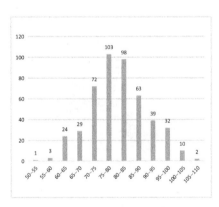

图 56 12～13 岁男生臀围分布图 2

（8）12～13 岁女生主要部位数据分布情况（图 57～图 64）

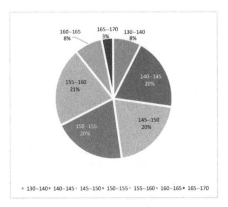

图 57 12～13 岁女生身高分布图 1

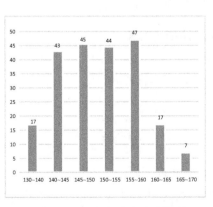

图 58 12～13 岁女生身高分布图 2

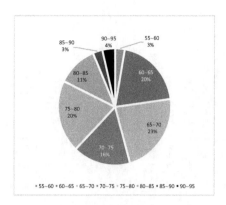

图59　12～13岁女生胸围分布图1

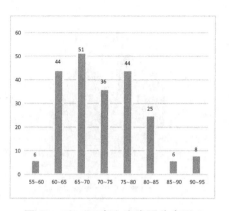

图60　12～13岁女生胸围分布图2

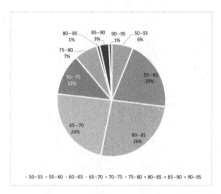

图61　12～13岁女生腰围分布图1

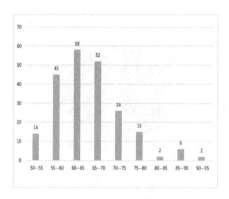

图62　12～13岁女生腰围分布图2

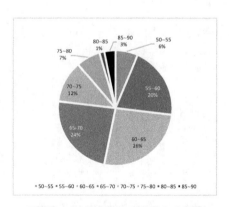

图63　12～13岁女生臀围分布图1

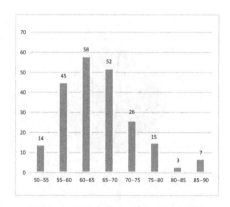

图64　12～13岁女生臀围分布图2

三、人体数据提取与分析

1. 样本量及抽样对象

随机抽取的人体体型数据一般符合正态分布,95％置信区间时,正态分布的概率为1.96,最小试验样本量可以根据下面的公式计算获得。

$$N = \left(\frac{1.96 \times \alpha}{\Delta} \right)^2$$

式中:

N 为样本量的最小值;

1.96 为样本正态分布是置信区间为95％时的概率;

Δ 为样本允许的误差值;

α 为样本的标准差。

由于国内尚无针对小学生人体数据的标准差和允许误差,故选择国家服装号型标准中列出的人体各部位尺寸的允许误差和标准差来计算最小样本量,选取典型的几个部位的数据进行计算,数据值如表1所示。

表1 成年人体部位尺寸的允许误差和标准差表

部位	最大允许误差 Δ(cm)	标准差 α(cm)	α/Δ	最小样本量(人)
身高	1.00	6.20	6.20	148
胸围	1.50	5.50	3.67	52
腰围	1.00	6.70	6.70	173
臀围	1.50	5.20	3.47	46

选取人体主要尺寸进行参考,分别为身高、胸围、腰围和臀围。经过计算,腰围的最小样本量最大,为173,所以本研究中的最小样本量大于173人即可。考虑到实验的典型性和数据分析的需要,选取长江中下游地区7省21市6～13岁学生为抽样对象,抽样地区以及抽样人数如表2所示。

表2 抽样对象地域分布及比例表

地域	上海	江苏省									
	上海市	常州市	淮安市	南京市	南通市	苏州市	泰州市	无锡市	宿迁市	徐州市	盐城市
人数	360	1 410	480	2 250	750	390	240	480	1 200	360	330
占比	3.1%	12.3%	4.2%	19.6%	6.5%	3.4%	2.1%	4.2%	10.4%	3.1%	2.99%

地域	江苏省		安徽省			浙江省	江西省	湖北省		云南省
	扬州市	镇江市	阜阳市	淮南市	芜湖市	杭州市	赣州市	武汉市	孝感市	昆明市
人数	720	840	150	90	240	180	150	420	300	150
占比	6.3%	7.3%	1.3%	0.8%	2.1%	1.6%	1.3%	3.7%	2.6%	1.3%

2. 数据提取与分析

采用 IBM 公司生产的 SPSS20.0 数据统计软件进行人体数据统计分析。分析方法主要为:描述分析、因子分析、聚类分析和验证分析等。此类研究方法已经发展得较为成熟,并且多次被运用在国内外相关研究中。

首先对原始人体数据进行预处理,以删除数据的特异值,剔除特异数据三组;然后通过信度分析得到信度分析值为0.98,信度良好;最后通过频率分析显示,各组数据均呈现正态分布趋势。因此,利用测量数据所得到的解析结果具有一定的可信性。

(1)描述统计

描述统计是对数据资料进行整理、分析,并对数据的分布状态、数字特征和随机变量之间的关系进行估计和描述的方法。描述统计分为集中趋势分析、离中趋势分析、相关分析和推论统计四大部分。

集中趋势分析主要靠平均数、中数、众数等统计指标来表示数据的集中趋势。

离中趋势分析主要靠全距、四分差、平均差、方差、标准差等统计指标来研究数据的离中趋势。

相关分析就是对总体中确实具有联系的标志进行分析,其主体是对总体中具有因果关系标志的分析。它是描述客观事物相互间关系的密切程度并用适当的统计指标表示出来的过程。

推论统计是以统计结果为依据,来证明或推翻某个命题。具体来说,就是通过分析样本与样本分布的差异,来估算样本与总体、同一样本的前后测算成绩差异,样本与样本的成绩差距、总体与总体的成绩差距是否具有显著性差异。

(2)因子分析

因子分析是指研究从变量群中提取共性因子的统计技术,最早由英国心理学家 C.E. 斯皮尔曼提出。

表3　旋转成分矩阵1

	成分				
	1	2	3	4	5
	0.277	0.939	0.048	0.102	0.071
体重	0.056	−0.030	0.040	−0.024	0.881
颈围	0.545	0.100	0.095	0.563	0.058
胸围	0.713	0.192	0.195	0.305	0.146
腰围	0.669	−0.070	0.202	0.443	0.130
臀围	0.903	0.239	0.102	0.172	0.101
头围	0.430	0.199	0.061	0.151	−0.115
腕围	0.379	−0.098	0.037	0.746	0.000
掌围	0.295	0.101	0.114	0.679	−0.043
臂根围	0.156	0.042	0.966	0.117	−0.014
臂长	−0.013	0.315	0.113	0.671	0.055
肩宽	0.158	0.323	−0.039	0.076	0.504
大腿围	0.942	0.210	0.097	0.136	0.074
膝围	0.944	0.208	0.098	0.134	0.074
小腿围	0.943	0.209	0.098	0.134	0.073
脚口围	0.943	0.209	0.098	0.134	0.073
腿长	0.277	0.939	0.048	0.102	0.071
臂围	0.149	0.044	0.979	0.098	0.016
肘围	0.149	0.044	0.979	0.098	0.016
颈长	0.277	0.939	0.048	0.102	0.071

　　因子分析的方法有两类，一类是探索性因子分析法，另一类是验证性因子分析法。探索性因子分析不事先假定因子与测度项之间的关系，而让数据"自己说话"。主成分分析和共因子分析是其中的典型方法。验证性因子分析假定因子与测度项的关系是部分知道的，即哪个测度项对应于哪个因子，虽然我们还不知道具体系数。

表4　旋转成分矩阵2

	成分				
	1	2	3	4	5
身高	0.266	0.121	0.046	0.916	0.120
颈围	0.377	0.682	0.115	0.151	0.037
胸围	0.556	0.520	0.205	0.253	−0.060
腰围	0.462	0.655	0.224	0.013	−0.090
臀围	0.800	0.396	0.123	0.269	−0.010
头围	0.174	0.408	0.084	0.354	−0.568
腕围	0.205	0.799	0.055	−0.066	0.048

	成分				
	1	2	3	4	5
掌围	0.132	0.719	0.114	0.106	0.041
臂根围	0.098	0.138	0.954	0.046	−0.010
臂长	−0.051	0.494	0.147	0.223	0.631
肩宽	0.286	0.028	−0.030	0.243	0.525
大腿围	0.870	0.319	0.107	0.221	0.033
膝围	0.935	0.203	0.132	0.159	0.051
小腿围	0.926	0.161	0.127	0.178	0.052
脚口围	0.920	0.152	0.115	0.163	0.076
腿长	0.240	0.123	0.045	0.896	0.084
臂围	0.159	0.135	0.967	0.039	0.011
肘围	0.177	0.142	0.954	0.040	0.013
颈长	0.156	0.004	0.033	0.870	0.021

(3) 聚类分析

FCM 算法是一种基于划分的聚类算法,它的思想就是使得被划分到同一簇的对象之间相似度最大,而不同簇之间的相似度最小。模糊 C 均值算法是普通 C 均值算法的改进,普通 C 均值算法对于数据的划分是硬性的,而 FCM 则是一种柔性的模糊划分,如图 65 所示。

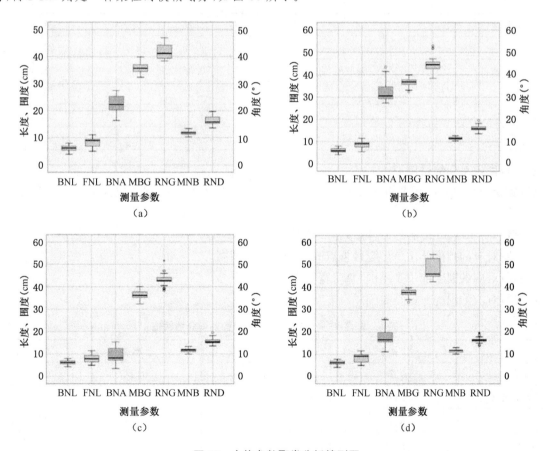

图 65 人体参数聚类分析箱型图

最佳分类数：在聚类分析进行之前，对聚类类目数进行探讨，为了寻找到最适合本文数据的聚类类目数，三种检验参数(SC、XB 和 X)被引用到本项目的研究中。

根据分析结果，对所测量的各个年龄段、各部位数据进行归纳得到数据均值，所得到的数据可以为企业提供儿童服装结构设计技术参数。

表5　根据聚类方法得到的小学生各系列人体各部位数据均值　　　　　　　单位：cm

	聚类		
	1	2	3
身高	107.25	117.16	126.66
颈围	25.63	26.60	27.63
胸围	55.16	58.58	61.77
腰围	54.06	56.02	58.37
臀围	59.93	64.02	68.55
头围	49.96	50.57	51.86
腕围	12.40	12.71	13.01
掌围	14.08	14.37	15.18
臂根围	23.26	25.49	27.45
臂长	36.19	38.02	40.70
肩宽	27.78	29.15	30.34
大腿围	30.97	32.44	34.88
膝围	27.00	28.46	30.88
小腿围	23.79	25.26	27.68
脚口围	17.79	19.26	21.68
腰围高	63.25	70.86	78.66
臂围	20.38	22.52	24.34
肘围	19.88	21.02	23.84
颈长	5.36	5.96	6.33

3. 校服号型各系列数据模型

根据国家标准所推荐的规范格式，以儿童服装尺寸制定常用的 9 个控制部位为基础进行服装号型系列分档。

（1）身高 95～135 cm 校服号型各系列分档数值

① 身高所对应的高度部位是坐姿颈椎点高、全臂长、腰围高。

② 胸围所对应的围度部位是颈围、总肩宽。

③ 腰围所对应的围度部位是臀围。

表6　身高 95～135 cm 校服号型各系列分档数值

部位	计算数	采用数	计算数	采用数
身高	9.71	10	0.97	1
坐姿颈椎点高	3.8	3	0.38	0.3
全臂长	2.3	2.5	0.23	0.25
腰围高	7.5	7	0.75	0.7
胸围	3.4	4	0.34	0.4

部位	计算数	采用数	计算数	采用数
颈围	1.1	1	0.11	0.1
总肩宽	1.58	2	0.16	0.2
腰围	2.2	2	0.22	0.2
臀围	4.3	4	0.43	0.4

控制部位数值是指人体主要部位的数值(系净体数值),是制定校服规格以及结构设计的依据。

表7 控制部位数值

	部位	号(cm)				
		95	105	115	125	135
长度	身高	95	105	115	125	135
	坐姿颈椎点高	39	42	45	48	51
	腰围高	56	63	70	77	84
	全臂长	33.5	36	38.5	41	43.5
围度	颈围	25	26	27	28	29
	胸围	51	55	59	63	67
	腰围	52	54	56	58	60
	臀围	56	60	64	68	72
	头围	49	50	51	52	53
	腕围	12	12.5	13	13.5	14
	掌围	13.5	14	14.5	15	15.5
	臂根围	22	24	26	28	30
	肩宽	24.5	26.5	28.5	30.5	32.5

(2)身高140~160 cm校服号型各系列分档数值

①身高所对应的高度部位是坐姿颈椎点高、全臂长、腰围高。

②胸围所对应的围度部位是颈围、总肩宽。

③腰围所对应的围度部位是臀围。

表8 身高140~160 cm男生各控制部位的数值

	部位	号(cm)				
		140	145	150	155	160
长度	身高	140	145	150	155	160
	坐姿颈椎点高	51.5	53	55.5	58	60.5
	腰围高	85	88	91	94	97
	全臂长	46.5	48	49.5	51	52.5
围度	颈围	30	31	32	33	34
	胸围	66.5	70.5	74.5	78.5	82.5
	腰围	63	66	69	72	75
	臀围	70	74	78	82	86
	头围	53	54	55	56	57
	腕围	15	15.5	16	16.5	17

部位	号（cm）				
	140	145	150	155	160
围度 掌围	17	17.5	18	18.5	19
臂根围	30	31.5	33	34.5	36
肩宽	35.4	36.6	37.8	39	40.2

表 9　身高 140～160 cm 女生各控制部位的数值

	部位	号（cm）				
		140	145	150	155	160
长度	身高	140	145	150	155	160
	坐姿颈椎点高	52	54	56	58	60
	腰围高	85	88	91	94	97
	全臂长	45	46.5	48	49.5	51
围度	颈围	29	30	31	32	33
	胸围	65	69	73	77	80
	腰围	58	61	64	67	70
	臀围	72	76	80	84	88
	头围	51	52	53	54	55
	腕围	14.5	15	15.5	16	16.5
	掌围	16	16.5	17	17.5	18
	臂根围	29	30.5	32	33.5	34
	肩宽	33	34	35	36	37

四、儿童人体数据模型应用

某企业采用数据库数据批量生产各型号校服 800 套,销售情况良好,消费者对各部位尺寸满意度较高。

表 10　某企业批量校服生产尺寸对照表（春秋装）　　　　　　　　单位：cm

参数	6岁男	实样尺寸	6岁女	实样尺寸	10岁男	实样尺寸	10岁女	实样尺寸
身高	105	105	110	110	135	135	140	140
胸围	56	58	56	58	68	68	66	68
腰围	53	54	52	52	60	60	58	58.5
坐围	59	60	59	60	73	74	74	75
肩宽	26.5	26	27	27	34.5	35	33	34
全裆	48.8	50.5	49.5	50.5	57.2	60	58.5	59
裤长	63.6	64	66	66	83.4	84	87	86.5

校服结构设计与制板研究

校服结构设计与制板研究

随着校园文化内涵建设的提升,校服的品质与个性化需求与日俱增,已经呈现出风格多样、面辅料及加工工艺不断创新、品质要求越来越高的变化,校服设计生产销售的特点将趋向于中小批量、多元化发展。作为校服生产重要环节的样板制作,将不再是"一套运动装样板走天下"的传统模式了。

校服款式不断推陈出新,需要大量的高级制板工艺人才,然而这方面的人才匮乏已成为不争的事实,严重制约了校服品质的提高。究其原因,一是制板技术人才成才率低;二是在学习和实践中对样板技术的理解有误区,认为会服装裁剪就能制板,缺乏对校服的整体认知,综合能力不强,结果囫囵吞枣、生搬硬套,越学越难。校服制板技术是服装综合能力的体现,不再是简单的裁剪技术,它是一个体系,需要具备有关服装设计、服装结构设计、服装工艺、服装材料等多方面的知识。全面提升这些方面的综合能力,是提高样板技术水平的先决条件。

在校服生产流程中,样板起着承上启下的作用,它首先要把设计创意"物理化",同时又是指导校服缝制工艺的载体。在"物理化"的过程中,必须对创意思想和款式风格有准确的理解,否则制作的样板是形似而神不似,样板所反映的时尚性就会降低。因此,样板制作水平的高低首先取决于对款式设计内涵的理解程度,样板师的设计能力与人文素养决定了对设计作品理解的深度,也是影响结构设计能力和制板技术的重要因素。

在校服制作中,操作工主要是将裁片缝合或组装,缝制的方式、方法和效率的高低,很大程度上取决于样板质量。缝制工艺方法、面辅料的性能对样板的影响是决定性的,在样板制作时,首先对缝制工艺做比较周密的方案,工艺设计必须与款式风格相协调,并且要体现在样板上。对于非工艺水平的问题,要在样板上做相应的处理,因此,工艺技术水平直接决定了样板细节的处理能力。

一、校服样板整体制作与步骤

校服制板步骤主要有"款式图阅读—尺寸制订—结构设计—工艺参数设置—样板修正"等几个步骤。

1. 阅读款式设计图是样板制作的先决条件

制板工艺技术的首要环节是对款式的理解与二次设计,目的是让创意思想在现有的技术条件下能够实现。在二次设计中必须确保不偏离设计者的初衷,是锦上添花,而不是破坏效果,这就需要正确理解作品的内涵。因此,现代板师的审美、设计能力是其技术素养的重要组成部分。

解读款式设计图是对作品创意思想和文化内涵理解的过程。校服是校园文化集中反映的载体,是学生精神风貌和心理特征的表象,读懂款式才能正确把握校服的内涵,才能保证样板结构布局的合理,这也是样板技术的最高境界。解读款式设计图可以从三个方面入手,即款式风格、廓形和面辅材料。风格最能反映学生的心理特征,流行通常指的是一种风格的流行。风格的分类方法有很多,主要有粗犷、柔美浪漫、复古、前卫等。风格的体现主要取决于色调、结构、工艺、材料和配饰,把握了风格特点就可以在板型设计中选择合适的结构、正确的工艺以及与面辅材料相适应的技术处理方式。型是诠释形体美的手段,也是对风格强化的措施。任何一款服装的流行都有其特殊的型,控制部位规格是展示校服廓形的调节杠杆,理解了款式的型才能设计出各部位的尺寸,系列尺寸设计是制板技术的重点和难点。因此,型是开启样板制作的切入点。面辅材料是服装的主体材料,性能和质地能决定校服的效果,甚至同样的款式,由于材料机理、性能、质地的不同,使得服装效果截然相反。材料对制板技术的各个环节,如尺寸设计、结构设计、工艺设计等有着直接的影响。

2. 尺寸制订是样板制作的关键

控制部位尺寸是展示校服廓形的主要手段,同时也是服装年龄层次定位的主要依据,尺寸是否合理也就成了制板技术的重要环节。在制订服装规格时需要把握三个原则:一是母板的基本数据必须依据既有的服装号型标准所提供的数据模型;二是必须符合服装定位中年龄层次的需求;三是必须符合销售区域内消费群体的体型特征。

号型标准将我国儿童体型按身高进行了分类,共划分为小童、中童和大童三类,不同号型都对应有各个控制部位的净体数据,为我们提供了制订尺寸合理的数据模型依据。

制订尺寸时首先查阅相关净体数据,然后根据款式特点加放松量得到成衣尺寸。在加放中,要掌握各种类型服装加放的一般规律,重点是"三围",它直接决定了该款服装是宽松还是合体。在此基础上,还要考虑面料性能、面料厚度以及是否有填充物。

3. 结构设计是样板制作的核心

结构是校服样板的主体,合理的结构设计是制板的核心技术。在结构设计时必须把握两个基本原则:一是结构设计与款式风格相协调;二是结构设计必须符合人体外形,满足人体运动功能。结构设计在制板工艺技术中是最复杂的环节,实现结构设计的手段和方法主要有平面结构、原型和立体裁剪三种,这三类方法各有优势,殊途同归,既可以独立使用,也可以综合运用。无论使用哪种方法,都必须要保持款式"型"的正确、分割与整体相呼应、部件与款式相协调。结构设计的切入点可以先从款式主要部件的分类入手。例如上装,无论上衣款式如何变化,其主要部件分领、袖和正身前后片三部分。领子则分为立领、翻领、驳领、平领和无领五种;袖子分为一片袖和两片袖;前后片分为三分之一、四分之一两种结构。各类部件都有基本型。结构设计时首先分类选择各部件的基本型,然后根据款式修正其外形,再运用美的法则进行分割、省道转移等技术处理。

4. 工艺参数是结构设计图转化为样板的必要环节

工艺参数是工艺制作中不可避免的损耗和技术参数,它主要包括缝份、折率、缩率等,是工艺验证的重要组成部分。这些参数需要在制板时预留,它是样板的细节处理技术,也是能反映板师技术水平和实践能力的重要体现。结构设计通常是净缝图,它是款式分解后平面化的一种表现形式,是不能直接用于生产的,只有设置了工艺参数后才能成为服装样板。影响工艺参数的主要因素有缝制工艺技术和面料的性能,工艺参数是一个变量,通常需要板师有很强的实践经验,并通过制作样衣验证后,才能确保它的准确性。缝份是制板中常见的技术参数,其大小完全取决于缝制工艺设计。例如,成衣底边缝份设置,当采用明缉线工艺时,一般预留的量相对少些;需要撬边工艺时,则会多留些。面料性能对缝份的影响也比较大,例如薄、透且悬垂感较强的面料,它的性能表现为柔美浪漫的效果。因为缝份是透明的,所以纤细的缝头能锦上添花,反之表现为粗犷,这与面料性能冲突。

折率是由面料的性能、厚度以及生产工艺所形成的变量。裁片中斜丝部位、不同丝绺方向的部件拼接都会产生折率。肩斜部位最明显,尤其运动装,由于面料斜丝方向有很强的弹性,在缝合肩缝时该部位容易被拉长,就会造成实际肩宽大于预设尺寸。样板制作时可适当减小肩宽,预留伸长的量。面料及填充物的厚度也会影响各个横向、纵向部位的尺寸。以胸围为例,如果把胸围看成一个标准圆,当厚度增加时,半径也就变小,实际胸围尺寸也就相应减少,计算方法可参照圆周长计算公式即 $C=2\pi r$,假设面料或填充物厚度增加 0.5 cm,那么胸围总量减少约 3 cm。折率是隐性的,又是细节技术,对样板影响比较大,不可忽视。

二、校服样板局部制作与修正

样板修正指的是综合考虑面料、工艺等要素,修正并完善样板。修正过程中,既要把握款式的风格,完善造型,又要考虑局部与整体的协调性。同时,在细节处理上保持与面料性能、工艺制作方法相匹配。要求局部位置、走向、形状、大小与体型特征、款式风格一致。主要内容包括样板常规修正、样板部件配伍及修正、样板与面料匹配修正。

1. 样板常规修正

样板常规修正指的是对样板尺寸进行核对和补差、结构调整以及部件配伍。根据生产用样板要求，所有裁片都要配齐，包括面板、部件、定型板、里板、衬板等。

（1）尺寸补差后样板修正

制板过程中影响样板尺寸准确性的几个因素：一是画线位置不正或不准确；二是计算错误或者是精度不够；三是结构分割影响尺寸。尤其弧线分割时为了线条美观，可能会剪切掉一定的量，这部分的量需要在其他地方补足。

修正方法：对照尺寸表中各部位数据，逐个裁片测量并核对样片，如果有偏差，重新确定各个部位的位置，并调整结构线。

（2）样板校对及修正

① 拼接部位修正。拼接部位指的是直线拼接、弧线拼接、不规则拼接等部位。制作样板时可能会遇到拼接部位长短不一、部件结构不准确等问题。修正方法一般是将对接裁片，修正该部位长度和弧线。例如，将前后摆缝、肩缝等拼接部位重合进行比对，检查长度是否相等、弧线是否圆顺。如果不符合要求，需要重新确定位置，调整结构线。

需要注意的是，有些部位为了满足体型特征和款式造型需要，长度可以不相等。例如，后肩缝长度大于前肩缝，袖山弧线大于袖隆弧线长度。弧线部位在校对长度的同时，要修正好缝合标记。

② 局部结构修正。把握款式风格与内涵，结合当前流行趋势，配合整体造型的需要做局部调整，尤其是对款式塑型有较大影响的部位。例如，当下流行上装修身、窄袖、高腰节的风格，需要将该款式结构进行调整。具体方法是：提高腰节线、袖隆线，减少袖肥的量，重新确定位置后连接，并画顺弧线。

2. 样板部件配伍及修正

部件是校服的重要组成部分，分布在服装的表层、夹层和底层上。夹层、底层结构的塑型以及裁片分割需要在已有的相关裁片上配伍并修正。

表层部件样板多数是两层结构，在制板中通过修型、比对、复制等步骤完成；夹层部件和底层里子样板多数是单层结构，需要在衣身样板上配伍、复制、分割、合并或者单独绘制，校对准确后再放缝头；对于需要在裁片上进行分割、转移等复杂手段完成的部件，要先做结构处理，再修正。例如女裙，需要在腰部分割后，再做省道转移的复杂结构。

3. 样板与面料匹配修正

质地性能稳定的面料裁剪后一般不会发生变化，而悬垂感强、柔软轻薄的面料裁剪后容易变形，样板修正时需要充分考虑变量，以弥补面料性能对样板的影响。例如，裤子龙门弧线、裙摆等受面料悬垂影响会变形，需要在该部位预设变量。需要注意的是，面料性能不同，各部位缝头大小也不一样，薄面料缝头一般比厚面料缝头要小。

对于有缩水率的面料样板修正，需要先测试面料缩水率，然后按照样板长度或者宽度的比例分别加放到样板中。

厚面料或者缝制时增加多层辅料，尤其衣服内部添加填充物，会使围度内径变小，需要计算厚度增加后的变量，将其加放到样板中重新修正。

4. 样板确定

样板确定总要求：面板、里板、工艺板等门类要齐全；部件样板数量符合要求；符号、文字标注规范；根据面料属性和工艺要求逐个部位放缝头。样板准确与否，还需要缝制成样衣进行全方位验证。样板确定后进行推板，完成系列批量生产用样板。

三、校服制板技术发展方向

今天，对于服装纺织行业来说，计算机辅助设计（CAD）已成为变革的代名词。服装行业正迅速向智能制造、数字化与信息化方向发展，给行业提供了新的契机和产业升级的基础。数字化校服是必然趋势，数字化校服生产是实现智能制造的核心,数字化校服生产的前提是数字化校服制板。

校服样板制作,尤其是修正,是极其烦琐和复杂的,仅通过手工修正效率会很低下,在其制作过程中需要多次打样衣确认样板,工作量大,已经越来越不适应服装智能化生产的要求。二维和三维技术的成熟和普及,给数字化样板制作带来了极大的便利。它不需要缝制成样衣校对,只需要在服装 CAD 系统中制作数字化样板,然后在 3D 系统中进行试衣和修正,避免了繁杂的手工工序和没有合适面料打样衣的尴尬,使得样板制作更快、更准、更便捷,效率是人工修正样板的数倍。

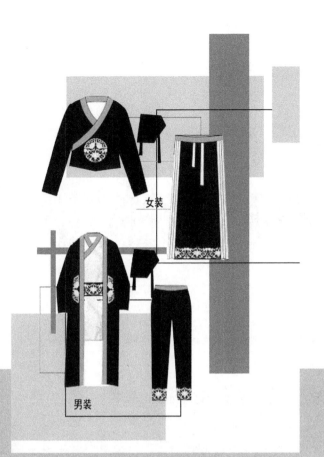

女装

男装

款式图

效果图

1

2

3

尺寸图

仪式校服——春秋装（男）

单位：cm

品名	头围				
帽子	54				

品名	内衣长	胸围	肩宽	袖长	袖口
衬衣	50	78	30	38	12

品名	外衣长	胸围	肩宽	袖长	
外套	65	88	32	40	

品名	裤长	腰围	臀围	立裆	脚口
长裤	72	56	84	22.5	30

仪式校服——春秋装（女）

单位：cm

品名	头围		
帽子	54		

品名	内衣长	领围	肩宽	袖长
衬衣	48	32	30	36

品名	外衣长	胸围	肩宽	袖长
外套	52	85	31	38

品名	裙长	腰围	裙摆围
裙子	60	56	86

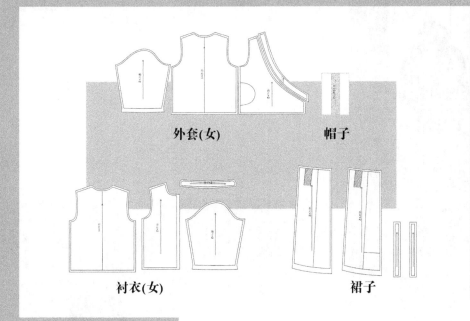

外套(女)　　　帽子

衬衣(女)　　　　　裙子

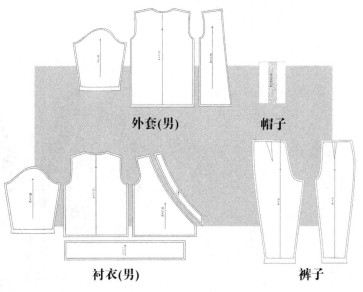

外套(男)　　　帽子

衬衣(男)　　　　　裤子

仪式校服（春秋装）

款式图

效果图

1

2

3

尺寸图

运动校服——冬装（男）

单位：cm

品名	胸围	下摆	衣长	肩宽	袖长	
冲锋衣（外壳）	110	110	70	40	62	
	袖口宽	帽宽	帽高			
冲锋衣（外壳）	13×26	26	34			
	袋口长					
冲锋衣（外壳）	15					
	腰围	臀围	直裆	外长	脚口宽	
运动长裤	60	94	27	98	34	

注：内胆尺寸参照外壳尺寸

运动校服——冬装（女）

单位：cm

品名	胸围	下摆	衣长	肩宽	袖长	
冲锋衣（外壳）	110	110	70	44	62	
	袖口宽	帽宽	帽高			
冲锋衣（外壳）	13×26	26	34			
	袋口长					
冲锋衣（外壳）	15					
	腰围	臀围	裙长	臀高	立裆	
运动短裙	72	91	45	18.4	24	
	前浪	后浪	裤坐围			
运动短裙	29	38	89			

注：内胆尺寸参照外壳尺寸

制板图

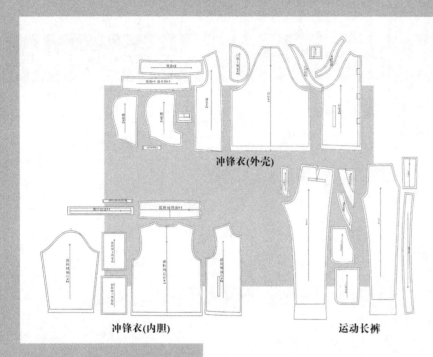

冲锋衣(外壳)

冲锋衣(内胆)　　　运动长裤

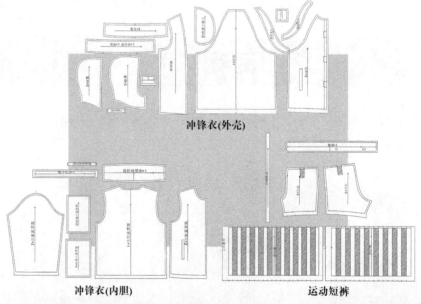

冲锋衣(外壳)

冲锋衣(内胆)　　　运动短裤

运动校服（冬装）

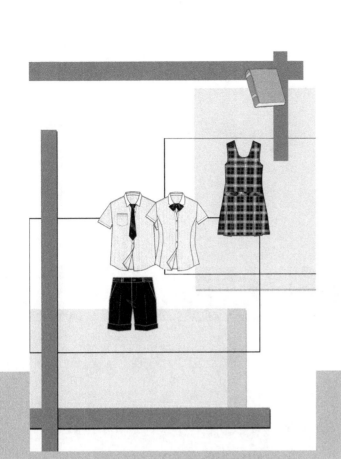

1

款式图

效果图

3

尺寸图

制式校服——夏装（男）

单位：cm

品名	胸围	摆围	肩宽	衣长	短袖长	短袖宽
男衬衫	96	98	40.6	64	19.5	32

品名	腰围	臀围	腿围	衣长	脚口围	
制式短裤	77	100	32	36	31	

制式校服——夏装（女）

单位：cm

品名	胸围	摆围	下摆	衣长	
女衬衫	94	80	96	61	

品名	肩宽	短袖长	短袖宽		
女衬衫	37	17.5	32		

品名	腰围	胸围	肩宽	衣长	
制式连衣裙	77	100	32	36	

4

制板图

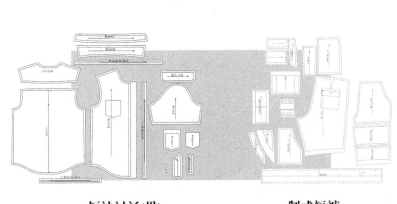

短袖衬衫(男)　　　　　　制式短裤

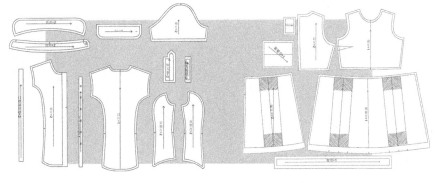

短袖衬衫(女)　　　　　　制式连衣裙

制式校服（夏装）

FOUR

校服设计方法研究

校服设计方法研究

校服是展示学校精神面貌和文化内涵的窗口。良好的校服款式设计,往往能给人们一种视觉上和心理上美的享受,便于学校形象的传达,促进与社会的交流,提高学校的辨识度以及影响力。新颖的校服设计与完美的校园文化产品组合,能使学生有自豪感和归属感,对学习会起到意想不到的促进效果。

校服设计不仅要注重美感,更要在校服的内涵与外观设计上符合学校严谨、求实、上进的要求,还要融入学生青春活泼的特点,符合时尚潮流,满足广大青少年学生唯美的心理需求,创新款式设计,提升校服内涵。

欧美以及日韩等国家或地区是校服设计比较成功的地区,尤其是日本和韩国的校服设计有着强烈的与时俱进的意识,能够随着流行的变化,不断汲取时尚元素对校服进行改进,这种设计有效地提高了年轻人的审美水平,也符合学生积极向上的现代意识。我国的校服设计应借鉴国际校服成功设计经验,在研究国家、区域历史文化的基础上,提炼出校服的设计元素,融合时代精神,体现学生新风貌。

一、校服设计理念

1. 与校园环境、文化内涵整体协调

校服设计在促进学生集体观念,增强学生自我约束力和集体荣誉感等方面,应该起到积极的推进作用。

2. 注重培养学生集体凝聚力和纯朴的精神

校服的造型款式应该庄重、大方,这对于培养学生艰苦朴素的优良传统,减少贫富差异性所带来的心理负面影响有着十分重要的作用。

3. 注重环保、舒适健康的理念

"低碳环保,绿色环保"的绿色思潮在世界各国悄然兴起,校服也应该紧追"绿色设计"的理念,在款式、色彩、面料、配饰等各方面进行创新性的设计。

二、校服设计分类

1. 品类分类

(1) 制式装设计

随着人民生活水平的提高,一统化的校服款式已经满足不了学生及家长的需求,极具个性化的制式装校服开始受到大家的欢迎。制式装校服体现了精心设计、精良选材、精工制造、精准服务的内涵,同时也体现了校服制作更加规范化和专业化。我国的制式装校服受英伦、日韩校服影响较大,设计中也添加了很多时尚元素。

(2) 运动装设计

我国的校服普遍以运动装为主,旨在培养学生的团队精神,强化学校的整体形象,增强集体的荣誉感。运动校服以其简洁大方的款式造型、便捷舒适的穿脱方式,受到了许多热爱运动的青少年的欢迎。同时,由于这类校服低廉的售价,也得到了大多数学校和家长的认可。

(3) 礼仪装设计

礼仪校服汇聚了中国传统文化,将流行时尚、历史传承融合于多元化的设计元素中,提高学生认知美的能力,增强学生的传统文化认同感,也使得充满韵味的中国礼仪得到更具象化的呈现。礼仪装设计既传承

了中国古代灿烂文化,又引发了人们对校服设计的热情,这种创新的理念是值得推崇的。

2. 季节分类

(1)夏装设计

制式装单品包括:短袖衬衫、短袖 POLO 衫、短裤、短裙、连衣裙……

运动装单品包括:短袖 T 恤、短袖 POLO 衫、短裤、短裙、连衣裙……

(2)春秋装设计

制式装单品包括:长袖衬衫、长袖 POLO 衫、长裤、短裙、连衣裙、西装背心、针织背心、针织开衫、西装外套……

运动装单品包括:长袖 T 恤、长裤、运动外套……

(3)冬装设计

制式装单品包括:大衣、长裤……

运动装单品包括:冲锋衣、长裤……

三、校服设计表现

1. 校服的主题设计

校服是以学校集体生活为主题,应具有简洁、统一的风格,其款式应注重美观大方,摒弃过分华丽和烦琐的装饰,同时还应有统一的标志。学生服的主题设计要做到青春与端庄共存,还要充分平衡教师服与学生服之间的协调,要有系列感,才能达到统一的整体效果。

2. 校服的款式设计

校服是校园文化的重要体现,因此款式的设计一定要体现学校严肃、庄重的一面,以自然、简单为主题,再配合一些时尚要素。校服的设计还应体现男女性别的差异,突出不同性别的魅力和学生青春活力的多彩个性,达到校服在实用性和美观性上的完美统一。

3. 校服的色彩设计

目前,学生服的设计主色主要有藏青、酒红、墨绿、灰、白等,辅色主要有中黄、草绿、宝蓝等。校服的色彩设计不能与校园氛围相违背,要考虑穿着者所处的年龄层次和性格特点,结合学校所处地区的地域气候特点和民族文化特色,还要考虑学校自身的校园文化背景和建筑色彩等因素,以此带给学校视觉延续的经典。

4. 校服的面料设计

校服要伴随学生度过长时间的学习生活,因此,面料的选择有很大的讲究。校服面料的选择注重耐脏、耐磨、透气等多个方面,近年来出现了彩色棉、莱卡、粘胶纤维织物、天丝、牛奶纤维织物等面料,极大地适应了校服面料的需求。在"低碳环保,绿色环保"绿色思潮的影响下,应尽量选择低碳环保的健康面料。

5. 校服的细节设计

校服的细节设计也就是校服的局部造型设计,是校服廓形以内零部件的边缘形状和内部结构的形状。校服的细节设计需充分体现功能性与审美性的有机结合,分为部件设计、配件设计和图案设计。校服的部件主要有领子、口袋、袖子以及门襟等,配件主要有纽扣、拉链、领花和领带等。

6. 校服的机能设计

学生体型变化较快,而且运动量较大,因此在进行结构设计时应更多地考虑人体工学因素,综合考虑学生的成长状态和运动量相对较大的特点,关键部位可采用可调节结构,如腰围、袖长、裤长等位置,通过可调结构使得其尺寸能产生变化,以适应随着学生成长体型逐步变化的态势。

四、校服设计风格

1. 英伦风格

英伦风源自英国维多利亚时期。以自然、优雅、含蓄、高贵为风格特点,运用苏格兰格子面料,以及良好的简洁修身的剪裁设计,体现出绅士风度与贵族气质,尤其带有浓厚的欧洲学院味道。英伦风的主色调大多为纯黑、纯白、殷红、藏蓝等沉稳的颜色,图案花型主要以条纹和方格为主,整体风格彰显古典、优雅而沉稳,充满学院派气息。

2. 民族风格

随着中国式校服的优化与创新,打造传承中华美学精髓、体现国人气质的民族风格的校服设计已蔚然成风。传统服饰元素的立领、盘扣、对襟等款式细节,刺绣、云锦、结绳等加工工艺,经过现代设计理念的提炼后,在校服的设计细节中都加以广泛采用,展示出其独有的中国文化魅力。

3. 休闲风格

校服设计中的休闲风格是将运动装的自由舒适和时装中的潮流时尚巧妙地融为一体,是中国本土式校服的一大热点。休闲风校服突出了"运动时装化"的概念,通过简洁舒适的款式造型、大面积的色彩混搭,以及一些嵌条、包缝等的细节工艺,展现出此类休闲风格校服的新内涵。

蓝灰色　橘色　　灰色

3

款式图

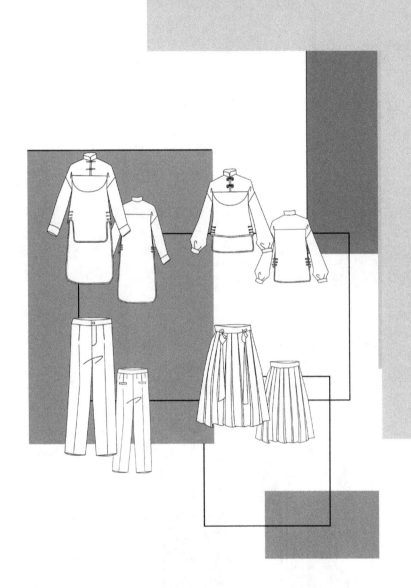

设计说明

礼仪校服汇聚了中国传统文化，将流行时尚、历史传承融合于多元化的设计元素中，提高学生认知美的能力，增强学生的传统文化认同感，也使得充满韵味的中国礼仪得到更具象化的呈现。礼仪装设计既传承了中国古代灿烂文化，又引发了人们对校服设计的热情，这种创新的理念是值得推崇的。

藏青色　橘色　墨绿色

3

款式图

设计说明

　　我国的校服普遍以运动装为主，旨在培养学生的团队精神，强化学校的整体形象，增强集体的荣誉感。运动校服以其简洁大方的款式造型、便捷舒适的穿脱方式，受到了许多热爱运动的青少年的欢迎。同时，由于这类校服低廉的售价，也得到了大多数学校和家长的认可。

1

藏青色　卡其色　肉色

2

效果图

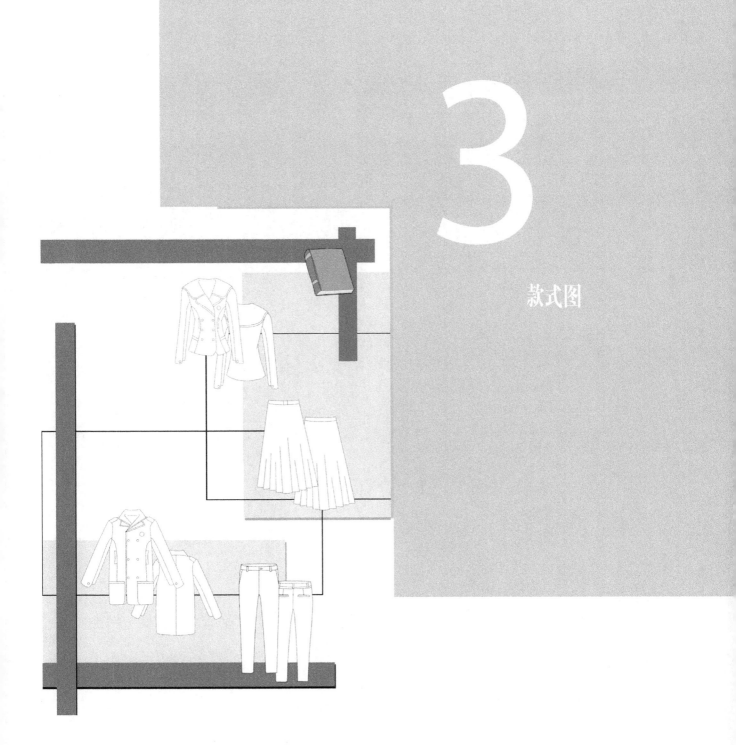

设计说明

随着人民生活水平的提高，一统化的校服款式已经满足不了学生及家长的需求，极具个性化的制式装校服开始受到大家的欢迎。制式装校服体现了精心设计、精良选材、精工制造、精准服务的内涵，同时也体现了校服制作更加规范化和专业化。我国的制式装校服受英伦、日韩校服影响较大，设计中也添加了很多时尚元素。

优秀校服设计作品

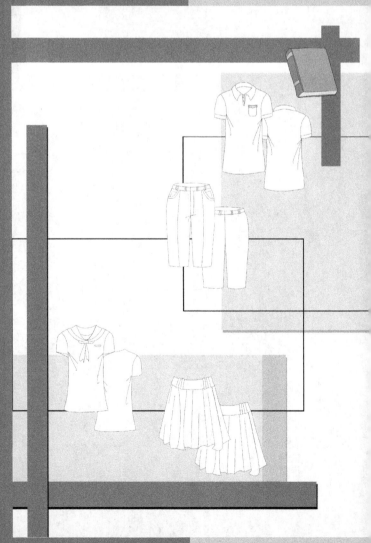

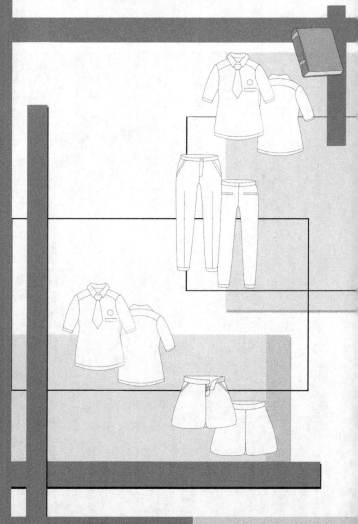

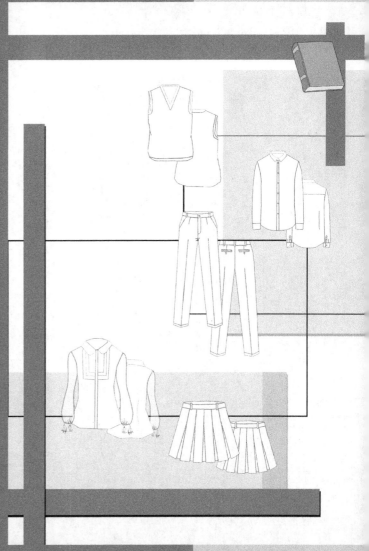

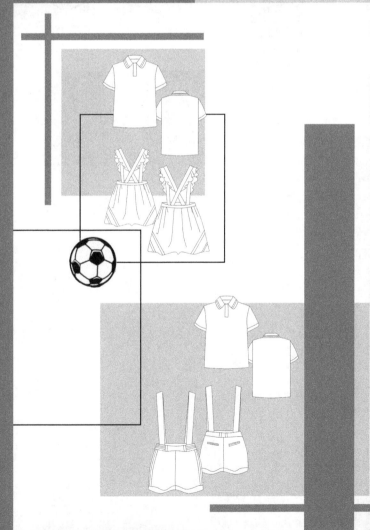

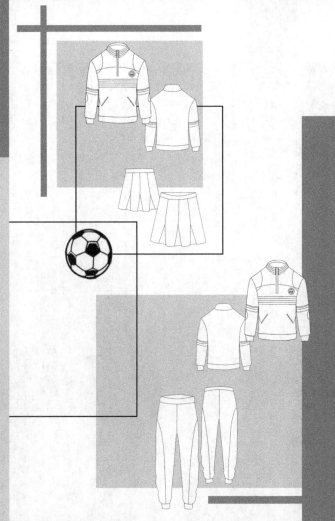

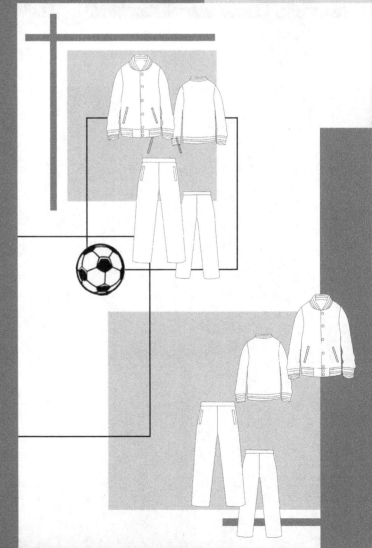

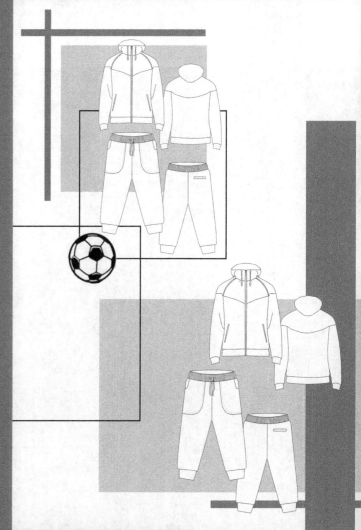

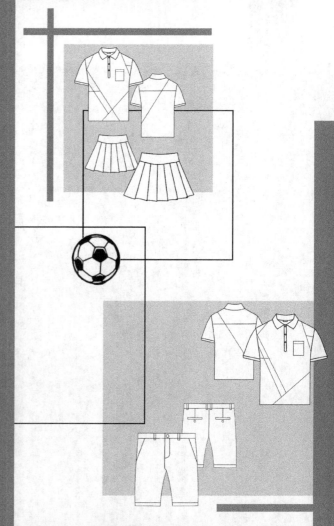

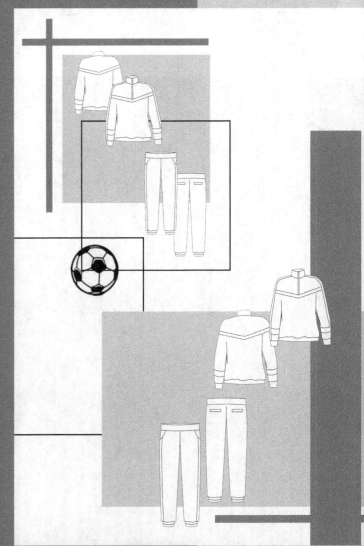

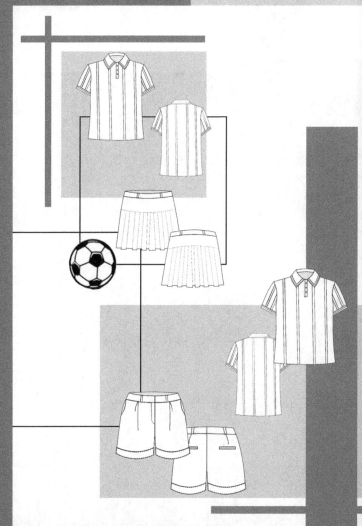

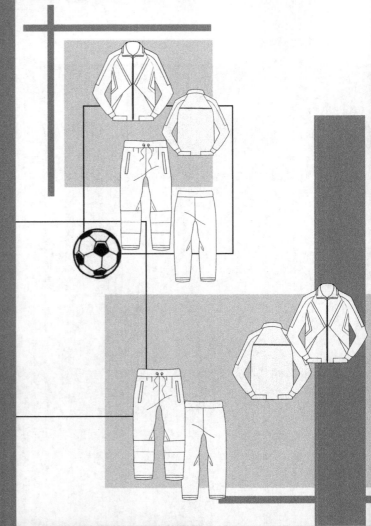

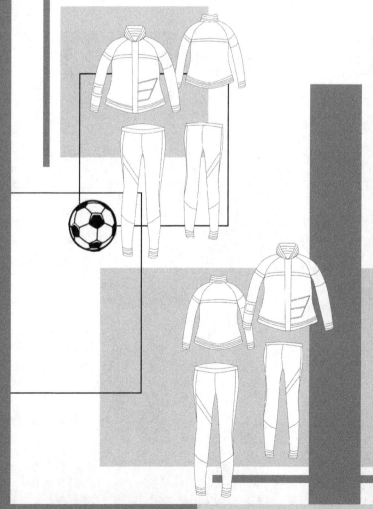

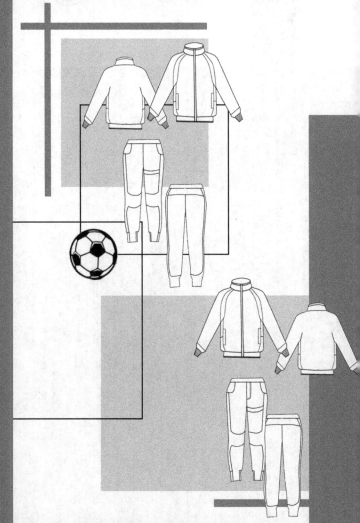

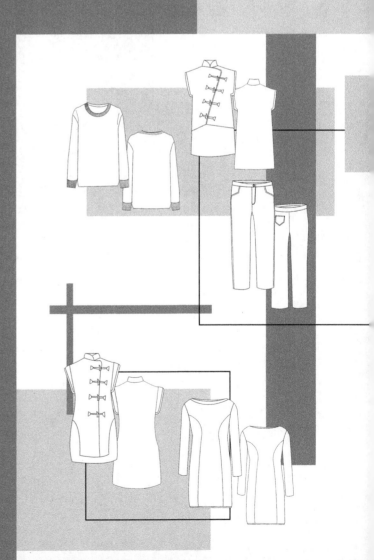

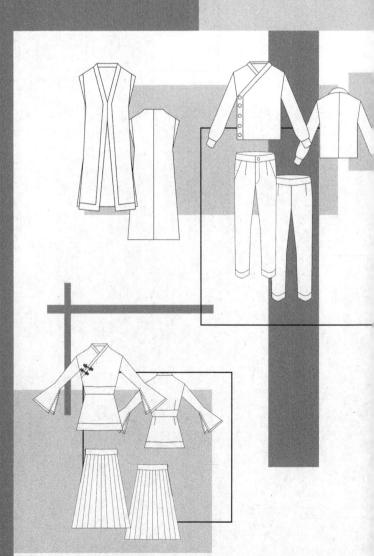